江户博物文库

鸟之卷

鳥の巻

Birds

A Longing for Wings

日本工作舍 编
梁蕾 译

北京联合出版公司
Beijing United Publishing Co.,Ltd.

对展翅天空的向往
A Longing for Wings

江户时代为后世留下了大量的鸟图，其中有的是为工艺或绘画作品而作的草图，也有的是为博物图谱绘制的插图。图中所描绘的既有人们熟悉的鸟类，也有来自海外的珍禽，甚至还有一些传说中的鸟等等。这些图无不饱含了江户人对展翅天空的美好憧憬，以及对未知世界的无限向往。

During the Edo Period (1603~1868), all kinds of birds — familiar birds, rare birds imported to Japan from abroad, even imaginary birds — were sketched and compiled into illustrated reference books in order to produce craftworks and paintings.

These depictions often carry a yearning to fly freely in the sky, and dreams about unknown lands.

凤凰
Fenghuang
选自增山正贤《百鸟图》

目录·出处

[注记]

各插图的说明按"拉丁语学名""汉语名""英语名""科名"的顺序表示。

其中英语名不一定为确定的说法，仅供参考。

插图也未必准确无误，不适合用于物种的识别判定。

原图出现不同程度的褪色，本书在色调上做了适当的补正。

[参考文献]

《图说日本鸟名由来辞典》柏书房

曲亭马琴编《增补俳谐岁时记刊草》（上·下）岩波文库

荒俣宏《世界大博物图鉴4：鸟类》平凡社

水原秋樱子·加藤楸邨·山本健吉监修《彩色图说日本大岁时记》讲谈社

人见必大《本朝食鉴（全5卷）》平凡社东洋文库

Melanocorypha mongolica
蒙古百灵
Mongolian lark
百灵科

分布于西伯利亚、中国北部平原。多栖息于草原及半荒漠地带。鸣声悦耳动听,在中国是传统的笼养鸟。日本战前曾大量进口。日本称"告天子",常混同于云雀。

Syrmaticus reevesii
白冠长尾雉
Reeves's pheasant
雉科

中国特有鸟种。分布于中国中部和北部。多栖息于中等高度的山地。雌鸟异形异色。雄鸟羽色华丽，有极长的尾羽，头顶及颈部为白色。雄鸟的尾羽常被用于装饰或宗教仪式等。

Coturnix ypsilophorus
褐色蓝胸鹑
Brown quail
雉科

雉科鹑属的一种鸟。分布于澳大利亚、巴布亚新几内亚、印度尼西亚。多栖息于湿润的草原和灌木林中。主要以植物种子和嫩草为食，也吃少量昆虫等。在日本称"沼鹑"。

Urocissa erythrorhyncha
红嘴蓝鹊
Red-billed blue magpie
鸦科

鸦科蓝鹊属的一种。分布于中国、缅甸、越南、泰国等地。在中国为传统的饲鸟之一，常出现于花鸟图中。日本称"山鹊"。日本江户时代（1603—1867）开始引进，当时也称"练鹊"。

Streptopelia chinensis
珠颈斑鸠
Spotted dove
鸠鸽科

本来是分布于南亚的一种常见鸟类, 后被引进到北美、澳大利亚、新西兰等地。近年在日本冲绳县西表岛、福冈等地也有观察记录。日本称"鹿子鸠"。

Porphyrio porphyrio
紫水鸡
Western swamphen
秧鸡科

秧鸡科紫水鸡属的一种中型涉禽。存在多个亚种，广泛分布于亚洲、非洲、欧洲。在古罗马被作为观赏鸟饲养，同时也被视为高贵之鸟免于食用。江户时代中期以后引进到日本。在日本称"青鸡"。

Syrrhaptes paradoxus
毛腿沙鸡
Pallas's sandgrouse
沙鸡科

沙鸡科沙鸡属的一种中型鸟类。分布于中亚内陆地区。沙鸡意为"沙漠之鸡"，英语称"沙漠雷鸟"。育雏期间，亲鸟会从水边将胸羽沾湿带水回巢哺喂雏鸟。

Sterna albifrons
白额燕鸥
Little tern
鸥科

繁殖于亚欧大陆中纬度地域，越冬于非洲到澳大利亚的沿岸地区。因为白额燕鸥以竹荚鱼等为食，捕食时是直接冲刺到水中，所以日文名为"小鲹刺"（日文中的竹荚鱼写作"鲹"——译注，下同）。

Corvus dauuricus

达乌里寒鸦

Daurian jackdaw

鸦科

分布于亚洲东部、中亚、西伯利亚等地。越冬时会偶尔飞来日本。过去曾栖息在加贺的白山地区。日本名"黑丸鸦"，也叫"唐鸟"，在中国一般称为"燕乌"。

Turnix suscitator
棕三趾鹑
Barred buttonquail
三趾鹑科

三趾鹑科鸟类。体型和羽色与鹌鹑相似。栖息在日本西南诸岛的留鸟,日本名"三斑鹑",名字虽为"鹑",但其实是鸻的近亲品种。

Francolinus pintadeanus
中华鹧鸪
Chinese francolin
雉科

野生品种栖息在南亚的热带、亚热带地区，后被人工饲养为肉食类家禽。比鸡肉的营养价值高，是珍贵的煲汤材料。曾被李白写进诗中。

Mergus merganser
普通秋沙鸭
Common merganser
鸭科

日本称"川秋沙",冬季主要栖息于日本北方的湖泊等淡水水域,偶尔也出现在海湾或沿海浅滩。

Mergus serrator
红胸秋沙鸭
Red-breasted merganser
鸭科

体型略小于普通秋沙鸭，大小介于鸳鸯和野鸭之间。日本称"海秋沙"。每年11月前后成群出现在河口附近及海湾上。

Bucephala clangula
鹊鸭
Common goldeneye
鸭科

在日本称"颊白鸭"。是日本冬季常见的冬候鸟。善潜水。起飞时拍翅声好似铃声。室町时代也称"铃鸭"。繁殖期鸣声喧闹。

Gavia stellata
红喉潜鸟
Red-throated loon
潜鸟科

潜鸟科中最小的一种。在濑户内海一带，渔民常在红喉潜鸟聚集的水域周围下饵钓鱼，这在日语里被称作"鳥持網代"渔法。

Gavia arctica
黑喉潜鸟
Black-throated loon
潜鸟科

潜鸟科的一种，但体型较大。日本名"大波武"。潜鸟科中的小型水禽，过去也被称为"小波武"。与红喉潜鸟一样也能显示鱼群的位置。

Spilornis cheela
大冠鹫
Crested serpent eagle
鹰科

鹰科蛇雕属的中型猛禽。在日本称"冠鹫",主要分布于冲绳县南部八重山群岛。八重山民谣《鹫鸟节》就是一首歌唱大冠鹫的歌谣。"冠鹫"也是日本著名拳击运动员具志坚用高的昵称。

Charadrius mongolus
蒙古沙鸻
Lesser sand plover
鸻科

鸻科鸻属的一种小型涉禽。大小介于云雀与灰椋鸟之间。日本名"目大千鸟",是日本春秋两季常见的过境鸟。多成群出现在河口、滩涂。主要捕食昆虫。繁殖期胸羽呈橘红色。

Mergus albellus
斑头秋沙鸭
Smew
鸭科

又称白秋沙。秋沙鸭属下最小的一种。在日本称"巫女秋沙"，雌鸟羽毛的颜色为棕黄色，所以也叫"狐秋沙"。

Anas platyrhynchos var.
domesticus
家鸭
Domestic duck
鸭科

家鸭是绿头鸭的驯化种，是一种常见的家禽。日本称"鹜"。图中左边为家鸭的幼鸟，右边为斑嘴鸭（Anas poecilorhyncha）的幼鸟。

Emberiza elegans
黄喉鹀
Yellow-throated bunting
鹀科

鹀科鹀属的一种小型鸣禽。在日本为冬候鸟，也有较少繁殖。日本名"深山颊白"。《本朝食鉴》中以"深山鸟"之名有记载。鸣声清脆悦耳、形态可爱，但据说肉味不佳。

Phoenicurus auroreus

北红尾鸲

Daurian redstart

鹟科

鹟科红尾鸲属下的一种小型鸟类。《枕草子》中介绍，这种鸟鸣声如敲击打火石，清脆而单调，所以被称作"hitaki（火烧）"。

Motacilla alba lugens
白鹡鸰
White wagtail
鹡鸰科

鹡鸰科鹡鸰属下的一种小型鸣禽。主要栖息于河流、湖泊、池塘等，也会出现于离水较近的村落、街区。是日本神话中的爱情鸟。过去只分布于北日本，现在已成为东日本的常见鸟。

Emberiza schoeniclus
芦鹀
Common reed bunting
鹀科

鹀科鹀属的一种小型鸣禽。广泛分布于亚欧大陆。日本称"大寿林",取自其鸣叫声,在北海道有繁殖,在其他地方为冬候鸟。

Emberiza tristrami
白眉鹀
Tristram's bunting
鹀科

繁殖于中国东北部、俄罗斯远东地区，越冬于中国东南部。日本称"白腹颊白"，是日本较为少见的旅鸟。常在地面上蹦跳觅食。主要以昆虫为食，也吃少量草籽等。

Anthus spinoletta
水鹨
Water pipit
鹡鸰科

鹡鸰科鹨属的一种小型鸣禽。日本名"田云雀"，但并不是一种云雀。在日本本州以南为常见的越冬鸟。

Regulus regulus
戴菊
Goldcrest
戴菊科

戴菊科戴菊属的一种小鸟。日本名"菊戴"。头顶中央有橙黄色羽冠，两侧有明显的黑色侧冠纹，看上去就像顶着一朵盛开的菊花。多栖息于针叶林中，江户时代也叫"松毛鸟"。

Emberiza pusilla

小鹀

Little bunting

鹀科

鹀科鹀属的一种小型鸣禽。也是最小的一种鹀。繁殖期主要活动于亚欧大陆北部,春秋迁徙季节常出现在日本。小鹀与赤胸鹀形似,区别在于小鹀头部斑纹明显。

Loxia curvirostra

红交嘴雀

Red crossbill

燕雀科

燕雀科交嘴雀属的一种鸣禽。喙的先端弯曲且交叉。日语称"交喙","交嘴雀之嘴"在日语中常用来形容事与愿违。雄鸟为暗红色，雌鸟为黄绿色。

Carpodacus roseus
北朱雀
Pallas's rosefinch
燕雀科

两翅深褐色，飞羽具红色羽缘，头部、腹部为粉红色。（ましこゐるゐのくつちはら うちはらひ みきはかたてし 昔こひしも（夫木和歌抄）（大意：猿子鸟，牛膝草上衔种子，草已枯割不动，不禁想当年）。

Parus montanus

褐头山雀

Willow tit

山雀科

山雀科山雀属的一种小型雀鸟。广泛分布于亚欧大陆中纬度地域。日本称"小雀"。雌雄常交羽相卧。和歌中常有称颂。

Parus ater

煤山雀

Coal tit

山雀科

山雀属的一种小型鸣禽。在日本称"日雀",全国可见。夏季栖息于山地,冬季出没于平原。《本朝食鉴》中记载,煤山雀为风味一般的鸟类。

Luscinia sibilians
红尾歌鸲
Rufous-tailed robin
鸫科

鸫科歌鸲属的一种鸣禽。夏季繁殖于贝加尔湖至萨哈林一带，冬季越冬于中国南部、东南亚一带。日本称"岛鸲"，即外来的鸲鸟之意。春季作为旅鸟偶尔路过日本。

Luscinia calliope
红喉歌鸲
Siberian rubythroat
鸫科

日本称"野鸲",意为原野上栖息的鸲鸟。
在北海道为夏候鸟,雄鸟羽衣为褐色,
图中所画喉部虽为黄色,但实际应为亮
红色。

Serinus canaria

金丝雀

Atlantic canary

燕雀科

燕雀科丝雀属的一种鸣禽。原产于大西洋
亚速尔群岛、加那利群岛及马德拉群岛。
在欧洲饲育历史悠久，培育出多种羽色及
形态不同的品种。日本从江户时代中期开
始大量引进，是当时深受人们喜爱的笼鸟
之一。

Lonchura punctulata
斑文鸟
Lonchura punctulata
梅花雀科

梅花雀科文鸟属的一种小鸟。分布于中国南部、印度尼西亚、菲律宾、印度等地。日本名"缟金腹","缟"在日语中有斑纹之意。江户时代初期作为观赏笼鸟开始引进。

Amandava amandava

红梅花雀

Red avadavat

梅花雀科

为梅花雀科红梅花雀属的一种。广泛分布于北非、东南亚全域。日本称"红雀"，江户初期开始引进，有部分野生化。雄鸟为绯红色，肩、背、胸有白色斑点。

Hirundo rustica
家燕
Barn swallow
燕科

燕科燕属的一种。广泛分布于北半球。善飞行，大多时间都在空中飞翔觅食，常筑巢于屋檐下。燕是春天的季语。"盃に泥なしそ群燕"（松尾芭蕉）（大意：小燕子啊，别把泥巴掉进我的酒杯里）。

Acrocephalus bistrigiceps
黑眉苇莺
Black-browed reed warbler
莺科

莺科苇莺属的一种鸟类。日本称"小苇切"，在日本为夏候鸟。苇莺室町时代（1336—1573）称"苇雀"，安土桃山时代（1568—1600）称"苇鸟"，江户时代以后称"苇切"。

Sitta europaea
茶腹䴓
Eurasian nuthatch
䴓科

䴓科䴓属的一种小型鸣禽。日本名"五十雀"，也有称"八十雀"，和数字没有关系，取自其鸣叫声。在日本山雀被称为"四十雀"。

Anthus hodgsoni
树鹨
Olive-backed pipit
鹡鸰科

在日本为漂鸟或夏候鸟，夏季繁殖于四国以北的山地，冬季迁徙至南方暖地越冬。日本名"便追"，取自其鸣叫声。"便追の巣鳥がたちぬ樹の根より"（水原秋樱子）（大意：觅食大树下，木鹨雏儿离巢了）。

Emberiza rustica

田鹀

Rustic bunting

鹀科

鹀科鹀属的一种雀鸟。繁殖于亚欧大陆北
部。在日本为冬候鸟，主要越冬于九州以
北。有白色眉纹，雄鸟头部具黑色羽冠，
兴奋时羽冠会立起。在日本称"头高"。

Garrulus lidthi
琉球松鸦
Lidth's jay
鸦科

鸦科松鸦属的一种。日本特有种。日本名"瑠璃橿鸟",分布于日本奄美大岛、加计吕麻岛、青岛等岛屿,为鹿儿岛县的县鸟。已被指定为濒危物种,但近年个体数略有增加。

Sturnus cineraceus
灰椋鸟
White-cheeked starling
椋鸟科

椋鸟之名指其常栖于椋木（一种糙叶树）
之上，或以椋子为食。《本朝食鉴》中，与
栗耳短脚鹎同被评为美味鸟类，叫声也和
栗耳短脚鹎一样吵闹。

Turdus sibiricus
白眉地鸫
Siberian thrush
鸫科

鸫科地鸫属的一种。夏季繁殖于中国东北部、俄罗斯东部,越冬于东南亚一带。雄鸟近黑,雌鸟绿褐色,有白色眉纹。日本称"眉白",在北海道、本州中部以北为夏候鸟,其他地区为旅鸟。

Garrulax canorus
画眉鸟
Chinese hwamei
画眉科

画眉科噪鹛属的中小型鸣禽。分布于中国南部至东南亚北部一带。鸣声婉转动听,是备受喜爱的传统笼鸟。日本曾大量引进,目前在部分地区已形成野生化。可见于东京高尾山等地。

Lanius bucephalus
牛头伯劳
Bull-headed shrike
伯劳科

《万叶集》《日本书纪》中均有记载。喙强
壮有力，有把猎物插在树枝上风干储存的
习性。日本名"百舌"，为秋天的季语。"百
舌鸣くや入日さし込む女松原"（野泽凡
兆）（大意：百舌鸟枝头鸣，斜阳照进红松
林）。

Acridotheres cristatellus
八哥
Crested myna
椋鸟科

原产中国南部及中南半岛。在中国自古为人们喜爱的宠物鸟，常出现于绘画作品中。在日本，室町时代已有八哥图传来，江户时代开始作为饲鸟引进。

Picus awokera

日本绿啄木鸟

Japanese green woodpecker

啄木鸟科

日本特有的啄木鸟。除北海道以外，日本全国有分布。上部羽衣、尾羽和翅羽为黄绿色，日本名"绿啄木鸟"。多栖息于浅山林间，又称"山啄木鸟"。

Dendrocopos kizuki
小星头啄木鸟
Japanese pygmy woodpecker
啄木鸟科

日本的啄木鸟中最小的一种。略大于麻雀。日本称"小啄木鸟"。学名的"kizuki"，为标本采集地大分县杵筑市之地名。

Turdus naumanni naumanni

红尾鸫

Naumann's thrush

鸫科

斑鸫的一个亚种。相对于斑鸫，红尾鸫羽色棕红成分较少，通体橄榄褐色。秋季日本各地有冬候鸟飞来。日本名"八丈鸫"。

Rallus aquaticus
普通秧鸡
Water rail
秧鸡科

繁殖期中常在夜间鸣叫, 鸣声单调无韵,
犹如敲门声。《源氏物语》中有 "水鶏のう
ちたたきたるは、<誰が門さして>とあ
はれにおぼゆ"(大意: 可怜的水鸡又在敲
门了, 一定在说 "是谁插了门闩不让我进
去")。

Pluvialis fulva
太平洋金斑鸻
Pacific golden plover
鸻科

鸻科斑鸻属的一种中型涉禽。繁殖于西伯利亚、阿拉斯加，越冬于澳大利亚、新西兰一带。春秋两季迁徙途中常路过日本。日本称"胸黑"，在《本朝食鉴》里被评为美味野鸟。

Pluvialis squatarola
灰斑鸻
Grey plover
鸻科

外观酷似太平洋金斑，但体格较大。日本名"大膳"。肉味上好，平安时代就被用于宫中膳食。江户时代中期以后也叫"大膳鹬"。

Fratercula cirrhata
花魁鸟
Tufted puffin
海雀科

花魁鸟的日语名源于阿伊努语"etupirka"，即"喙美鸟"之意。但一到冬季其面部则会变成灰黑色，饰羽逐渐消失，喙也不再鲜艳美丽。夏季繁殖于日本北海道以北。

Histrionicus histrionicus
丑鸭
Harlequin duck
鸭科

在日本主要为冬候鸟，冬季越冬于日本北海道及东北沿海地区，其中一部分夏天也会留在日本繁殖。在日本叫"晨鸭"。

Falco tinnunculus

红隼

Common kestrel

隼科

隼科隼属的一种小型猛禽。广泛分布于非洲及亚欧大陆。日本称"长元坊",名称来历不详,在日本还有"粪鸱""马粪鹰"等怪称。夏季在日本本州中部、北部有繁殖。

Megaceryle lugubris
冠鱼狗
Crested kingfisher
翠鸟科

翠鸟科大鱼狗属的一种。日本名"山蝉"，主要分布于九州以北的山地溪流或池塘附近。是日本翠鸟中最大的一种。但江户时代以前"山蝉"这一名称一直指赤翡翠鸟或蓝翡翠鸟。

Cuculus poliocephalus

小杜鹃

Lesser cuckoo

杜鹃科

杜鹃鸟是日本文学史上最受喜爱的鸟类之一。《万叶集》中有156首诗歌与杜鹃有关。《枕草子》中将日本三大鸣禽之一的树莺与杜鹃进行比较，结论是杜鹃优于树莺。

Pavo muticus
绿孔雀
Green peafowl
雉科

早在奈良时代（710—794）就已为人所知，当时《日本书纪》中也有记载。过去进口到日本的大多为绿孔雀，现在用于饲育的一般多为蓝孔雀。

Cyanopica cyana
灰喜鹊
Azure-winged magpie
鸦科

分布于亚欧大陆东西两端。外观像喜鹊，但体型明显较小。有较长尾羽。日本称"尾长"，奈良时代《风土记》中有记载，当时也称"酒鸟"。

Otus lempiji
日本领角鸮
Sunda scops owl
鸱鸮科

鸱鸮科角鸮属的一种小型猛禽。分布于俄罗斯东部沿海地区、中国东部及东南亚等地。日本称"大木叶木菟"，在北海道为夏候鸟，在日本其他地方为留鸟。有时会发出猫叫声。

Turdus cardis
乌灰鸫
Japanese thrush
鸫科

日本名"黑鸫"。夏季在日本主要繁殖于本州中部以北、北海道。秋季经由四国、九州迁徙至南方越冬。以会模仿树莺鸣叫而著称。安土桃山时代的《日葡辞典》中有记载。

Treron sieboldii
红翅绿鸠
White-bellied green pigeon
鸠鸽科

鸣叫声悠长很像一种苍凉的竹笛声。在日本也被称作"尺八鸠"。过去，"雄鸠"和"红翅绿鸠"在日本合称"山斑鸠"。据说红翅绿鸠为补充盐分有时会喝海水。

Lophura nycthemera
白鹇
Silver pheasant
雉科

分布于中国南部、中南半岛。主要栖息于亚热带常绿阔叶林和草原中。翎毛华丽、体色洁白，在中国自古就是一种名贵的观赏鸟。江户时代日本曾大量进口，当时也称白雉。

Leiothrix lutea
红嘴相思鸟
Red-billed leiothrix
画眉科

分布于印度北部、不丹、中国南部等。常雌雄相依、亲密无间。雌雄若被拆散，则会互相鸣叫不息，所以被人们称做"相思鸟"。部分饲鸟在日本已形成野生化。

Carpodacus erythrinus
普通朱雀
Common rosefinch
燕雀科

繁殖于中国北部。越冬于中国南部、印度、东南亚一带。日本也偶尔有越冬鸟飞来。在日本称"赤猿子"。在中国是受人喜爱的笼养鸟。日本过去也有进口。

Tarsiger cyanurus
红胁蓝尾鸲
Red-flanked bluetail
鹟科

鹟科鸲属的一种小型雀鸟。夏季繁殖于亚欧大陆北部、喜马拉雅山脉,越冬于亚欧大陆南部。日本名"琉璃鹟",在日本,夏季繁殖于本州中部以北、四国,越冬于本州中部以南。

Emberiza rutila
栗鹀
Chestnut bunting
鹀科

夏季繁殖于中国东北地区，在日本为旅鸟，
迁徙途中偶尔出现在日本海的部分离岛上。
可见于灌丛或野地。日文名为"岛野路子"。

Emberiza cioides

三道眉草鹀

Meadow bunting

鹀科

又称大白眉、山麻雀。雄鸟面颊以黑色为底色，有白色宽大眉纹。日本称"颊白"。在日本主要为留鸟，北海道为夏候鸟。善鸣叫，鸣声婉转动听，有独特曲调。

Motacilla grandis

日本鹡鸰

Japanese wagtail

鹡鸰科

在日本为常见的留鸟，部分地区为漂鸟。朝鲜半岛、中国北部沿岸也有分布。头、肩、背及胸部为黑色，腹部为白色。日本称"背黑鹡鸰"，另有"薄墨"的异称。

Anas clypeata
琵嘴鸭
Northern shoveler
鸭科

繁殖于亚欧大陆及北美大陆的高纬度至中纬度区域。在日本主要为冬候鸟，各地有飞来，也有少数繁殖于北海道。不善潜水，多在水面附近转圈觅食，在日本也称"舞鸭"。

Phalacrocorax pelagicus
海鸬鹚
Pelagic cormorant
鸬鹚科

在日本称"姬鹈",夏季在日本北海道、本州北部繁殖,冬季迁徙至本州中部以南、九州以北越冬。主要栖息于海岸岩礁地带。有时也出现在外海上。

Larus canus

海鸥

Common gull

鸥科

鸥科鸥属的一种中型海鸟。繁殖于亚欧大陆北部及北美西北部。在日本为冬候鸟。《万叶集》中也有出现。幼鸟全身灰褐色，肩部及翅上覆羽具淡色边缘，看似竹篮孔状花纹，在日语中被称作"*kamame*"。

Pelecanus crispus
卷羽鹈鹕
Dalmatian pelican
鹈鹕科

分布于亚欧大陆的热带地区。是鹈鹕中最大的一种。全身灰白色，颈背有卷曲状冠羽。其油脂和皮是非常珍贵的药材。日本称"灰色珈蓝鸟"。

Nucifraga caryocatactes
星鸦
Spotted nutcracker
鸦科

鸦科星鸦属下的一种。分布于亚欧大陆中北部。日本全国有分布，多栖息于高山带及亚高山带的森林里。体羽深褐色，有白色斑点。主要以松子为食。

エトヒルカ

文化六巳年四月執田海中ニテ捕ル
大サハトノ如ク頬ト腹白色背ノ真
黒色甚美ナリ嘴大ニシヲコセヤレ
鳴声グーくト云

ヤムキ
ノ図

Fratercula corniculata
角海鹦
Horned puffin
海雀科

海雀科海鹦属的一种海鸟。分布于北太平洋海域，但一般不在日本繁殖。夏季角海鹦的嘴会变得更加鲜艳，眼睛上方和后方各生出一条黑色斑纹，看上去很像一对角，所以在日本被称作"角目鸟"。

Corvus frugilegus
秃鼻乌鸦
Rook
鸦科

广泛分布于亚欧大陆中纬度地区。日本冬季有越冬鸟飞来，常见于九州一带。日本名"深山鸟"，但主要栖息于平原、丘陵地带。

Lanius tigrinus
虎纹伯劳
Tiger shrike
伯劳科

一种小型食肉雀鸟。夏季繁殖于亚欧大陆
东北部和日本，冬季越冬于亚欧大陆南部
及东南亚一带。日本称"稚儿百舌"。江户
时代也称"缟百舌"。

Eurynorhynchus pygmeus
勺嘴鹬
Spoon-billed sandpiper
鹬科

鹬科滨鹬属的一种小型涉禽。嘴黑色扁平，前端呈宽菱形，日本称"篦鹬"。繁殖于西伯利亚东北部，在日本为少见的旅鸟。也被称作"篦鸻"。

Limosa lapponica
斑尾塍鹬
Bar-tailed godwit
鹬科

繁殖于亚欧大陆北部等北极圈地带。冬季越冬于欧洲、非洲、南亚及澳大利亚沿岸。嘴较尾长，且向上微翘。日本称"大反嘴鹬"。作为旅鸟，在春秋季节会飞来日本。

Haematopus ostralegus
蛎鹬
Eurasian oystercatcher
蛎鹬科

蛎鹬科蛎鹬属的一种中型涉禽。日本称
"都鸟"。在日本为旅鸟或冬候鸟，过去主
要见于九州，近年在东京湾也有出现。常
被混淆于红嘴鸥，曾出现在《伊势物语》
中。

Branta ruficollis
红胸黑雁
Red-breasted goose
鸭科

原产于亚欧大陆，原本在日本没有栖息，江户中期进口到日本，留有写生图。为躲避狐狸袭击，红胸黑雁往往筑巢于陡峭的河岸附近，有时甚至与猛禽为邻。日本名"苍雁"。

Anas falcata
罗纹鸭
Falcated duck
鸭科

在日本为冬候鸟。在北海道也有少数繁殖。多栖息于湖沼，主食水生植物及水藻等。雄鸭繁殖期颈侧和颈冠呈铜绿色，被比喻为传统戏曲中大盗熊坂长范的头巾，所以又被称作"熊坂秋沙"。

Threskiornis melanocephalus
黑头白鹮
Black-headed ibis
鹮科

广泛分布于非洲、亚洲西部和太平洋西南部。日本称"黑朱鹭"，现在为日本罕见的冬候鸟，但在江户时代还有较多生息，有"黑首""镰鹭"等异称。

Egretta sacra
岩鹭
Pacific reef heron
鹭科

分布于东亚、东南亚及澳大利亚、新西兰、密克罗尼西亚等。有白色型和黑色型两种。黑色型较常见，全身深灰色，部分喉部为白色。日本称"黑鹭"。

Nycticorax nycticorax
夜鹭
Black-crowned night heron
鹭科

一种中型涉禽。在日本称"五位鹭",《平家物语》记载说：有一天醍醐天皇巡幸京都神泉苑，看到池边停着一只夜鹭，于是命手下捉来并封之为"正五位"官级，由此就有了"五位鹭"之称。

Cerorhinca monocerata
角嘴海雀
Rhinoceros auklet
海雀科

广泛分布于北太平洋沿岸。在日本称"善知鸟"，主要繁殖于北海道、岩手县等地的海岛上。一般成群在上层较厚的斜坡上掘洞营巢。

Melanitta nigra
黑海番鸭
Common scoter
鸭科

日本称"黑鸭"。在日本为冬候鸟，全国有分布。平安时代被称为"黑鸟"，《伊势物语》中有记载。江户时代曾与斑脸海番鸭混淆。

Phoebastria albatrus
短尾信天翁
Short-tailed albatross
信天翁科

分布于北太平洋及亚洲的西太平洋一带。多单只或成对活动。在日本"信天翁"汉字也写"阿呆鸟"，指其性情驯顺、比较容易被捕获。

Podiceps cristatus
凤头䴙䴘
Great crested grebe
䴙䴘科

在日本主要为冬候鸟，可见于九州以北，也有部分于当地繁殖。19世纪在英国，凤头䴙䴘的羽毛被用于帽子的装饰或作暖手筒等，导致凤头䴙䴘遭过度捕猎，数量大减。

Numenius arquata
白腰杓鹬
Eurasian curlew
鹬科

繁殖于北欧至中亚的内陆地区，越冬于西欧，以及非洲、中东、印度、东南亚的沿岸地区。为春秋出现在日本的旅鸟，日本名"大杓鹬"。

Tringa nebularia
青脚鹬
Common greenshank
鹬科

广泛繁殖于亚欧大陆北部的区域，越冬于非洲、印度、东南亚、澳大利亚等地。日本称"青足鹬"，春秋两季作为旅鸟飞来日本，全国可见，也有少数在冲绳越冬。

Tringa totanus
红脚鹬
Common redshank
鹬科

脚细长，橙红色，日本称"赤足鹬"，过去也曾被称作"赤足鸻"。鸻与鹬的区别在于，鸻为三趾，而鹬为四趾。在日本为较少飞来的旅鸟。

Hydrophasianus chirurgus
水雉
Pheasant-tailed jacana
水雉科

繁殖于亚欧大陆东南部，偶尔有迷鸟飞来日本。多栖息于湖泊、池塘中。脚爪细长，能行走于睡莲、菱角等浮叶植物的叶片上。在日本称"莲角"。

Podiceps grisegena
赤颈䴙䴘
Red-necked grebe
䴙䴘科

䴙䴘科下的一种中型游禽。日本名"赤襟
䴙䴘"。在日本为冬候鸟，冬季飞至九州
以北地区越冬。善游泳，喜欢潜水捕食。
背部呈瓢状。

Falco peregrinus
游隼
Peregrine falcon
隼科

在日本为旅鸟，全国有分布。作为一种善飞的猛禽，自古就为人们所熟知。《古事记》中有"雲雀は天に翔る高行くや速総別さざき取らさね"（大意：云雀飞翔于天空，飞得更高的游隼啊，快去捉住那只鹪鹩吧）。

Alectoris chukar
石鸡
Chukar partridge
雉科

分布于中国北部山地及亚欧大陆高原地带。江户时代作为饲鸟引进到日本，被视为珍鸟。日本名"岩鹧鸪"。现在作为狩猎用鸟被引至世界各地。

Melanocorypha bimaculata
二斑百灵
Bimaculated lark
百灵科

繁殖于土耳其北部到中亚一带。冬季迁徙至非洲东北部、阿拉伯半岛、巴基斯坦、印度西北部越冬。日本称"首轮告天子"，在日本，有迷鸟飞来的记录。

Sturnus nigricollis
黑领椋鸟
Black-collared starling
椋鸟科

分布于中国南部、文莱、马来西亚、中南
半岛等地。主要栖息于热带及亚热带的较
干燥的森林里。与鹦鹉、鹩哥等一样，也
是一种会模仿人语的鸟类。

Cicinnurus regius
王凤鸟
King bird-of-paradise
极乐鸟科

分布于新几内亚和附近岛屿的低地森林中。在日本称"比翼鸟"，江户时代被作为饲鸟引进，是深受人们喜爱的观赏鸟之一。比翼鸟也指一种传说中的鸟，这种鸟只有一目一翼，必须比翼齐飞。

Vanellus cinereus
灰头麦鸡
Grey-headed lapwing
鸻科

鸻科麦鸡属的一种中型水鸟。繁殖于中国东北部、蒙古、日本等地。在日本为留鸟，日语名"鳬"。《本朝食鉴》中评价其肉质鲜美。

Gorsachius goisagi
栗头鸦（幼鸟）
Japanese night heron
鹭科

鹭科夜鸦属的一种鸟类。日本称"沟五位"，意为小河里的五位鹭（夜鹭）。主要繁殖于日本，冬季南下菲律宾等地越冬。在中国过去也叫"方目"。

Apus pacificus

白腰雨燕

Pacific swift

雨燕科

雨燕翅膀发达，极善于飞翔，尤其喜欢在下雨前飞行于低空捕食飞虫，所以被称作雨燕。在日本过去曾混同于中国古代传说中能预知晴雨的"山箫鸟"。

Grus japonensis
丹顶鹤
Red-crowned crane
鹤科

明治时代(1868—1912)以前丹顶鹤在日本全国各地有分布,现在只限于北海道。古时只单称"鹤",江户时代开始称"丹顶"。在中国也叫"仙鹤"。

Anthropoides virgo
蓑羽鹤
Demoiselle crane
鹤科

鹤类中体型最小的一种。偶有迷鸟飞来日本。主要分布于亚洲中部，每年秋季会从北方繁殖地南下，飞越喜马拉雅山脉到印度越冬。飞行高度可达5000~8000米，是已知鸟类中飞行最高的一种鸟。

Gallinula chloropus
黑水鸡
Common moorhen
秧鸡科

广泛分布于世界的热带、温带地区。在日本称"鹬"。江户时代也称"小鹬",以区别于"大鹬"(骨顶鸡)。在东日本为夏候鸟,西日本为留鸟。

Fulica atra

骨顶鸡

Eurasian coot

秧鸡科

秧鸡科骨顶属鸟类。夏季繁殖于欧洲、西伯利亚等地。冬季迁徙至南亚、阿拉伯半岛、撒哈拉沙漠一带越冬。在日本称"大鹬",繁殖于北海道、本州、九州等地,越冬于本州以南。

Actitis hypoleucos

矶鹬

Common sandpiper

鹬科

鹬科矶鹬属的一种小型涉禽。在日本九州以北为终年栖息的留鸟，在本州中部以北则为夏候鸟，冬季会南下越冬。

Accipiter gentilis
苍鹰
Northern goshawk
鹰科

日本奈良时代称"苍鹰",平安时代称"大鹰"。"うらむべきこころおほたかてにすえてかりにのみくる人やなになり"(古今和歌集)(大意:只在狩猎季节才偶尔来纵鹰的人,又怎能理解雄鹰的苦衷呢?)。

Pandion haliaetus
鹗
Osprey
鹗科

又名鱼鹰，是鹗科鹗属仅有的猛禽。作为留鸟，日本全国有分布。主要栖息于海岸附近，主食鱼类。日本民间有"鹗寿司"的传说，指鹗有藏鱼于石缝，以待日后食用的习性。

Eurystomus orientalis
三宝鸟
Dollarbird
佛法僧科

佛法僧科三宝鸟属的一种攀禽。日语名"佛法僧",源于镰仓时代(1185—1333),因其夜间常在森林中鸣叫"*buppōsō*",音似日语"佛法僧"。直到1936年才发现,此鸟鸣声实际为普通角鸮所发。

Terpsiphone atrocaudata
紫寿带鸟
Japanese paradise flycatcher
王鹟科

王鹟科寿带鸟属的一种中型鸣禽。分布于日本、菲律宾巴丹群岛、棉兰老岛等地。其鸣叫声听起来很像"月日星"的日语发音，所以在日本被称作"三光鸟"。

Chrysolophus pictus
红腹锦鸡
Golden pheasant
雉科

又名金鸡，是雉科锦鸡属的一种中型鸟类。分布于中国南部。最早被引进到日本有可能是在安土桃山时代。有"锦鸟""赤雉"等异称。"金鸡"在中国也指一种神话中的鸟。

Cuculus canorus

大杜鹃

Common cuckoo

杜鹃科

别名布谷、郭公，均取自雄鸟的鸣叫声。常被混同于小杜鹃。在日本为夏候鸟，春季4~5月飞来，所以有"种豆鸟""麦熟鸟"等别称。

風鳥
フウチョウ

Paradisaea apoda
大极乐鸟
Greater bird-of-paradise
极乐鸟科

原产于新几内亚及其附近岛屿。极乐鸟属中
最大的一种。早期进口到欧洲的大极乐鸟标
本，为了保护其华丽的羽毛都被切掉脚爪，
因此被人们当做一种来自天堂的无腿之鸟。
江户时代初期传入日本，日本称"大风鸟"。

Zoothera dauma

虎斑地鸫

Scaly thrush

鸫科

分布于日本全国。夜间常在林中鸣叫，鸣
声凄凉。日本称"虎鸫"，奈良时代又称
"鵺鸟"。"鵺"后来专指一种叫声像虎鸫的
神秘怪物。

Jynx torquilla
蚁䴕
Eurasian wryneck
啄木鸟科

啄木鸟科蚁䴕属小型鸟类。舌长，可伸入树洞或蚁巢中取食蚂蚁，在日本称"蚁吸"。脖子可向各个方向扭转，在古希腊被视为不吉之鸟，属名"jynx"，成为英语厄运的语源。

Bombycilla japonica
小太平鸟
Japanese waxwing
太平鸟科

太平鸟科连雀属小型雀类。尾羽十二枚，羽端有绯红色羽斑，在中国又称"十二红""朱连雀"等。日本名"绯连雀"，平安时代（794—1192）以后与黄连雀一起被通称为连雀。

Cuculus fugax
棕腹杜鹃
Malaysian hawk-cuckoo
杜鹃科

杜鹃科杜鹃属鸟类。夏季繁殖于亚欧大陆东部，冬季迁徙至东南亚越冬。鸣声尖锐。日本名汉字标记为"慈悲心鸟"，发音近似其鸣叫声。在日本为夏候鸟，常见于九州以北地区。

Gracula religiosa
鹩哥
Common hill myna
椋鸟科

一种善学人语的鸟类。江户时代引进到日本。据说当时有一个叫九官的中国人带来一只鹩哥，给人介绍说此鸟会叫九官，被误解为此鸟叫九官。所以就有了"九官鸟"之称。

Goura cristata
蓝凤冠鸠
Western crowned pigeon
鸠鸽科

印度尼西亚的特有鸟类。是鸠鸽类中体型最大的一种,两性均具蓝色扇状羽冠。在新几内亚一带,冠羽被用来做妇女帽子上的装饰,而且肉也很鲜美。

Lagopus mutus
岩雷鸟
Rock ptarmigan
松鸡科

松鸡科雷鸟属的一种中型鸟类。主要活动于地面上。可四季换羽，夏季为褐色，冬季为白色，在日本民间传说中，雷鸟会在打雷时出来捕食"雷兽"。

Alauda arvensis

云雀

Eurasian skylark

百灵科

百灵科云雀属的小型鸣禽。鸣啭动听，并且能边飞边唱。自古有"告天子""叫天子"等称呼。在日本也被称作"日晴鸟""姬雏鸟"等。《万叶集》《古事记》中都有记载。

Dendrocopos major
大斑啄木鸟
Great spotted woodpecker
啄木鸟科

栖息于山地或平原的树林中。冬季也会出现在农田地边。繁殖期的5~6月营巢于树洞中。下腹至尾下覆羽桃红色，雄鸟枕部有红色羽斑。日本名"赤啄木鸟"。

Hypsipetes amaurotis
栗耳短脚鹎
Brown-eared bulbul
鹎科

在日本为留鸟，各地有分布。栖息于低山的林中或林缘地带，也会出现在农庄和城市里。主要以果实、花蜜等为食。鸣声较喧闹。

Padda oryzivora
禾雀
Java sparrow
梅花雀科

原产印尼爪哇、巴厘岛一带。后引进到中国、印度、非洲等地繁殖。江户时代随荷兰及中国的贸易商船进口到日本。当时按荷兰名直译为"稻雀"。

Zosterops japonicus
暗绿绣眼鸟
Japanese white-eye
绣眼鸟科

在日本称"目白"。日本全国有分布。喜欢
结群，常一个挨一个地停在树枝上，因此
日语中用"目白押"来形容拥挤不堪。日
本传统花牌里的"梅莺牌"上的莺实际是
按绣眼鸟画的。

Parus minor

白颊山雀

Japanese tit

山雀科

分布于亚洲东部、俄罗斯远东地区。日本名"四十雀","四十"取自其鸣叫声。日本全国可见,多栖息于平原或低山的树林中,有时也出现在村庄和市街地。

Streptopelia orientalis
山斑鸠
Oriental turtle dove
鸠鸽科

在日本为留鸟，全国有分布。一般栖息于丘陵或平原的树林中。近年在都市也有繁殖。日本称"雉鸠"，平安时代也称"山鸠"。

Cacatua galerita
葵花凤头鹦鹉
Sulphur-crested cockatoo
凤头鹦鹉科

根据《日本书纪》记载，奈良时代日本已经有鹦鹉传来。葵花凤头鹦鹉在日本叫"黄芭旦"，芭旦有可能指苏门答腊的巴东港，也有可能指爪哇的万丹港。

Grus vipio
白枕鹤
White-naped crane
鹤科

日本名"真名鹤"。在日本为冬候鸟，过去全国可见，现在只在鹿儿岛出水平原有冬鸟飞来。曾被食用，据说是鹤类中风味最佳者。

Grus monacha
白头鹤
Hooded crane
鹤科

一种小型鹤。头到颈部为白色柔毛,体部羽衣为灰黑色。日本称"锅鹤",镰仓时代也称"黑鹤"。过去是日本全国可见的冬候鸟,现在越冬地只限于鹿儿岛县和山口县两处。

Grus leucogeranus
白鹤
Siberian crane
鹤科

日本称"袖黑鹤"。在日本为较少见的冬候鸟。成鸟站立时全身白色，飞翔时可见黑色飞羽。幼鸟全身有橙色斑纹。江户时代成鸟也称白鹤、琉球鹤，幼鸟又被称作柿鹤。

Ciconia boyciana
东方白鹳
Oriental stork
鹳科

鹳科鹳属的一种大型涉禽。过去在日本全国有繁殖，明治时代以后数量大减。现在野生繁殖种群在日本已不存在，只有少数在迁徙中经过日本。

Anser fabalis
豆雁
Bean goose
鸭科

夏季繁殖于西伯利亚北部，冬季南迁至
中国、日本等地越冬。主要以植物嫩叶、
果实、种子等为食。也爱吃豆类和菱角
等。在日本，奈良时代称"雁"，室町时代
以后称"菱喰"。

Cygnus sp

天鹅

Swan

鸭科

天鹅是天鹅属的6种水鸟的总称。本图为大天鹅，也有可能是小天鹅。繁殖于亚欧大陆北部，在日本为冬候鸟，日本称"白鸟"。奈良时代也称"鹄"。

Anas platyrhynchos
绿头鸭
Mallard
鸭科

在日本主要为冬候鸟。是家鸭的原种。日本名"真鸭"。古时与其他鸭类没有明确区分，室町时代以后开始称"青首鸭""青羽鸭"。

Anas poecilorhyncha
斑嘴鸭
Spot-billed duck
鸭科

日本名"轻鸭"，名称可能源于奈良时代的"轻池"。《万叶集》中有"軽池の浦廻行き廻る鴨すらに玉藻の上に独り宿なくに"（大意：轻池里游来游去的鸭子们也不会像我这样孤身独眠）。

Anas formosa

花脸鸭

Baikal teal

鸭科

日本的冬候鸟，主要栖息于湖泊、水塘、河川中。雄鸭繁殖羽头部及面部有黑、绿、黄、白组成的醒目斑纹，在日本被称作"巴鸭"。奈良时代也叫"味鸭"。

Aix galericulata
鸳鸯
Mandarin duck
鸭科

分布于亚洲东部。在日本为留鸟,繁殖于北海道、本州中部以北,越冬于本州以南。雌雄往往结伴而行,被看作是夫妇恩爱的象征。常出现于《日本书纪》《万叶集》等日本历代文学作品中。

Larus crassirostris
黑尾鸥
Black-tailed gull
鸥科

原图标记为海鸥。过去在日本黑尾鸥和海鸥一直被混同在一起。海鸥在日本为冬候鸟,而黑尾鸥则在日本有繁殖。

Nipponia nippon
朱鹮
Crested ibis
鹮科

古称朱鹭，在日本也称桃花鸟。过去曾广泛分布于日本的山阴山阳地区、北陆以及关东以北地区。现在野生朱鹮在日本已经绝迹。古时在日本也称"Tsuki"，现在的"Toki"之称始于室町时代。

Ardea intermedia
中白鹭
Intermediate egret
鹭科

鹭科苍鹭属的中型涉禽。分布于亚欧大陆至澳大利亚的温带及热带水域。在日本本州以南为冬候鸟，少数越冬于九州。在日本称"中鹭"，江户时代以前与大白鹭和小白鹭一起都被称为"白鹭"。

Ardea cinerea

苍鹭

Grey heron

鹭科

又称灰鹭，是鹭科中体型最大的一种。在《风土记》中被称作"水户鹭"，平安时代以后也称"青鹭"。为夏天的季语。"夕風や水青鷺の脛（はぎ）をうつ"（与谢芜村）（大意：晚风吹皱半江水，苍鹭独立涟漪中）。

Platalea leucorodia
白琵鹭
Eurasian spoonbill
鹮科

分布于亚欧大陆及非洲北部。在日本为冬候鸟。有一张宽宽扁扁似竹刮板的大嘴，日本名"篦鹭"，喜欢在水塘、湖泊中活动，常将嘴伸入水中来回划动寻找食物，又叫"泥鹭""漫划"等。

Ardea alba

大白鹭

Great egret

鹭科

日本有大型和小型两个亚种，大型亚种繁殖于中国东北部，冬季在日本越冬。小型亚种为日本的夏候鸟，夏季繁殖于日本本州、九州等地，冬季南迁越冬。

Gallinago gallinago
扇尾沙锥
Common snipe
鹬科

鹬科沙锥属的一种小型涉禽。在日本春、秋季有迁徙途中的旅鸟飞来，本州中部以南有冬候鸟越冬。主要栖息于湿地中。日本名"田鹬"。江户时代与丘鹬没有明确区分。

Otis tarda
大鸨
Great bustard
鸨科

鸨科鸨属的一种大型地栖鸟类。繁殖于亚欧大陆北部，日本称"野雁"，过去全国可见，现在只有少数飞来。过去在中国曾有"鸨无舌"或"纯雌无雄"等谬传。

Porzana fusca
红胸田鸡
Ruddy-breasted crake
秧鸡科

秧鸡科小田鸡属的一种小型涉禽。日本称
"绯水鸡"或"绯秧鸡"。在日本为夏候鸟，
栖息于水田、池塘、湖沼中。在日本一些
地方也称"夏秧鸡"，和普通秧鸡相区别。

Calidris alba

三趾鹬

Sanderling

鹬科

一种擅长长距离飞行的鸟类。繁殖于北极冻原地带,越冬于中南美、非洲、南欧、东南亚直至澳大利亚。在日本主要为旅鸟,可见于春、秋两季。

Phalacrocorax carbo
普通鸬鹚（？）
Great cormorant
鸬鹚科

本图也有可能是斑头鸬鹚。中国和日本都有驯化鸬鹚捕鱼的传统，在中国一般用普通鸬鹚，在日本则多用斑头鸬鹚。"おもしろうてやがて悲しき鵜舟かな"（松尾芭蕉）（大意：热闹欢快的鹈舟渐渐远去，最后只留下一丝淡淡的哀愁）。

Gallus gallus domesticus

乌骨鸡

Silkie (Chicken)

雉科

乌骨鸡是家鸡的一个品种。个头较小，皮、肉、骨和大部分内脏皆呈黑色，并且脚有五趾。马可·波罗在《东方见闻录》中形容它是一种"有毛无羽"的鸡。

Phasianus versicolor

绿雉

Green pheasant

雉科

日本的国鸟。雄鸟上体羽色多为蓝绿、紫铜色。偶然也会出现白化个体，古时在日本被视为吉兆，大化六年（650年）因有人献上一只白雉，年号遂改为白雉元年。

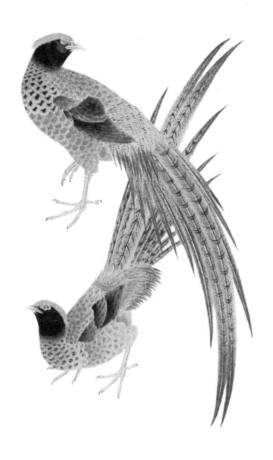

Syrmaticus soemmerringii
铜长尾雉
Copper pheasant
雉科

雉科长尾雉属的一种。《万叶集》中有"あ
しひきの山鳥の尾の一峰越え一目見し
児に恋ふべきものか"（大意：山鸟尾长
啊，路遥遥，山后的妹子啊，叫我如何不
想她）的短歌，并由此产生了长尾雉雌雄
不同栖的民间传说。

Coturnix japonica
鹌鹑
Japanese quail
雉科

鹌鹑是日本雉科鸟类中最小的一种。在日语中称"uzura"。江户学者新井白石将其语源分析为"u（草丛）"+"tsura（群）"。自《万叶集》以来，一直是人们喜爱的诗歌题材之一。

Coccothraustes coccothraustes
锡嘴雀
Hawfinch
燕雀科

也称蜡嘴雀。广泛分布于亚欧大陆的温带地区。在日本,夏季繁殖于北海道,秋季南迁至本州以南越冬。在《本朝食鉴》中与黑头蜡嘴雀一起被列入风味不佳之列。

Alcedo atthis
普通翠鸟
Common kingfisher
翠鸟科

翠鸟是一种羽色艳丽、姿态优美的中小型鸟类。古时也称鸿鸟。日本称"kawasemi"，汉字写"翡翠""鱼狗""川蝉"等。翡翠后来也被用作玉石名。

Passer montanus
麻雀
Eurasian tree sparrow
燕雀科

麻雀分布广泛，是一种最为常见的小鸟，可是在《万叶集》中却没有出现。不过平安时代中期的随笔集《枕草子》中，将喂养小麻雀写进"愉快的事"一章里。

Pica pica
喜鹊
Eurasian magpie
鸦科

喜鹊在日本主要栖息于九州西北部。古代就有引进的记录。也有人认为是丰臣秀吉出兵朝鲜时,从朝鲜半岛带回繁殖而来。喜鹊枝头叫在中国被视为吉兆。

Turdus naumanni eunomus
斑鸫
Dusky thrush
鸫科

繁殖于西伯利亚中部和南部，越冬于中国长江以南、日本等地。冬季日本全国可见，常结小群活动，出没于山地林间或开阔的农田、河边。鸣声尖细。5月以后则很少能见到该鸟。

Corvus macrorhynchos
大嘴乌鸦
Jungle crow
鸦科

图下方为大嘴乌鸦，上方为小嘴乌鸦
（*Corvus corone*）。在中国古代神话中，三足乌
鸦则是一种居于太阳中心的神鸟。三足乌
在日本神话中叫"八咫乌"，被作为日本
足球协会的标志。

Anthracoceros coronatus

冠斑犀鸟

Malabar pied hornbill

犀鸟科

犀鸟科斑犀鸟属的一种大型鸟类。分布于印度、东南亚及中国南部。图中的"弁柄鹭"即"孟加拉鹭鸶"之意。犀鸟的头骨也称"凤顶",江户时代曾被作为古玩进口。

Pitta moluccensis
马来八色鸫
Blue-winged pitta
八色鸫科

分布于澳大利亚、东南亚。同属的仙八色鸫（*Pitta nympha*），在日本为夏候鸟，春夏季飞来本州中南部、四国、九州等地繁殖。

Numida meleagris
珠鸡
Guinea fowl
珠鸡科

原产于西非的一种家禽，早在古希腊、罗马时代就有广泛食用。江户时代珠鸡由荷兰贸易船带到日本。随荷兰发音，日语称"*Horohoro chō*"。

Tragopan temminckii

红腹角雉

Temminck's tragopan

雉科

分布于缅甸、中国四川和西藏等地的高山带。日本称"红绶鸡",江户时代作为饲鸟有少量进口。同时被引进的还有被称作"小绶鸡"的中国原产灰胸竹鸡(*Bambusicola thoracicus*),在日本已形成野生化。

Psittacus erithacus
非洲灰鹦鹉
African grey parrot
鹦鹉科

分布于非洲西海岸森林地带的一种大型鹦鹉。有较高智能和极强的语言模仿能力。能模仿人语甚至与人交谈。

Columba janthina
黑林鸽
Japanese wood pigeon
鸠鸽科

分布于日本本州中部以南、伊豆群岛、五岛列岛、冲绳群岛等。多栖息于海岸及岛屿的常绿林中。日本称"乌鸠",因鸣声粗犷,又被称作"牛鸠"。

Casuarius casuarius
南方鹤鸵
Southern cassowary
鹤鸵科

分布于印度尼西亚、新几内亚及澳大利亚东北部的热带雨林中。江户时代前期被作为珍禽引进到日本，留下很多绘画写生图。曾混同于鸵鸟。

Dryocopus martius
黑啄木鸟
Black woodpecker
啄木鸟科

日本啄木鸟中最大的一种。主要分布于北
海道及东北地区的森林里。在阿伊努人之
间，黑啄木鸟被认为是一种能为人领路并
告诉人熊的所在的神鸟。

Pycnonotus aurigaster
白喉红臀鹎
Sooty-headed bulbul
鹎科

分布于中国南部、东南亚、爪哇岛等地。性活泼，善鸣叫，喜结小群活动。江户时代传入日本，日本称"腰白鹎"，有时混同于红耳鹎（*Pycnonotus jocosus*）。

Ninox scutulata
鹰鸮
Brown hawk-owl
鸱鸮科

分布于中国、日本、朝鲜半岛、俄罗斯东部、中南半岛以及东南亚等地。在日本为夏候鸟。多在4月新叶变绿的季节飞来，日本称"青叶角鸮"。也会栖息于离人较近的环境中，晚上可听到鸣叫声。

Eremophila alpestris

角百灵

Horned lark

百灵科

繁殖于亚欧大陆至北美的冻土地带。在日本为冬候鸟，各地偶有少数飞来。多栖息于滩涂、河滩、草地等开阔地。日本称"滨云雀"。

Emberiza spodocephala
灰头鹀
Black-faced bunting
鹀科

日本名"蒿鹀",夏季繁殖于本州南部以北,冬季在日本南方地区越冬。奈良时代与三道眉草鹀等一起被称作"巫鸟",在神社中由巫女用来作占卜之用。

Eophona personata
黑头蜡嘴雀（白化种）
Japanese grosbeak
燕雀科

由于嘴巴呈粗大圆锥形，日语名汉字写"鵤"。《万叶集》中有"……末枝にもち引き懸け仲つ枝に鵤懸け下枝にひめを懸け……"（大意：……上面的树枝上挂着诱鸟的粘糕，中间的树枝上挂着鵤笼，下面的树枝上挂着青雀笼……）。唱的就是用鸟圈子捕鸟的情景。

Carduelis sinica
金翅雀
Grey-capped greenfinch
燕雀科

作为留鸟日本全国有分布，常见于丘陵、平原以及城镇的公园、河边等。日本名"河原鹬"，安土桃山时代已为人所知。江户时代将大型的（亚种）称"大河原"，小型的称"小河原"。

Pernis ptilorhyncus
凤头蜂鹰
Crested honey buzzard
鹰科

分布于亚欧大陆东部，是鹰科蜂鹰属的一种中型猛禽。因喜食蜂类而得名。在日本为夏候鸟，主要在九州以北各地繁殖。

Circus spilonotus
白腹鹞
Eastern marsh harrier
鹰科

鹰科鹞属的一种中型猛禽。多栖息于多草的沼泽或苇塘里。飞行时喜欢低空滑翔。在日本为冬候鸟，日本名"沢鵟"，也叫"腰白鹰"。

Sturnus sturninus

北椋鸟

Daurian starling

椋鸟科

夏季繁殖于中国东北部、朝鲜半岛北部及西伯利亚等地。冬季迁徙至东南亚一带越冬。日本称"西伯利亚椋鸟"。春季北上途中，偶尔有迷鸟飞来日本。有时会混同于灰背椋鸟（*Sturnus sinensis*）。

解说
传递灵魂的媒体

　　本书的出版是在株式会社堀场制作所的大力协助下得以实现的。从书中所收录的鸟图中，我们可以感受到日本独特的自然观、对分析的精益求精以及对多样性的不懈追求。而这些正好就是与堀场制作所作为一个与环境密切相关的分析仪器制造商所一贯坚持的企业理念产生共鸣的地方。

　　纵览江户时代的博物画，动物中"鸟图"所占的篇幅之大给人留下很深的印象。虽然鱼类不仅在种数上超过鸟类，而且对日本饮食文化的影响也要大得多，但鱼图不论从质上还是从量上都远不及鸟图。当然"花图"也是一个非常丰富多彩的部分。这种对花鸟的倾心，也是西方博物图鉴中共通的一大特点。难怪有"花鸟风月"这样的说法呢。

　　"花鸟风月"作为一个表现日本审美观和自然观的代表性的词语，经常被人们使用。如果说花代表植物，鸟代表动物，风代表地象，月代表天象的话，那么花鸟风月正好就代表了整个大千世界。虽然，花鸟风月有时也可以重叠于春夏秋冬，但是花鸟风月有它更深的一层含义。花开就有花落，鸟飞来也要飞去，风一掠而过，月有阴晴圆缺。也就是说"花鸟风月"中蕴含着一种"变迁"与"无常"之感，这与日本中世（1185—1573）以后的无常观也是一脉相承的。

在现代社会中，鸟已经很少能够与"变迁""无常"联系到一起了。这是因为，对于生活在都市的人们来说，鸟类中的大部分都属于候鸟、都需要迁徙的这个事实已经被逐渐淡忘了。鸟从远方迁徙而来，不久又会迁徙而去。过去的人们从候鸟身上推知时节，感受自然的信息。所以在日语中，"鳥(とり)"的"と"与"飛ぶ(とぶ)"、"時(とき)"的"と"同出一源。

古今东西，鸟都被人们用来占卜凶吉祸福。在古罗马，当你向南而立，鸟若从左边飞来则为吉，从右边飞来则为凶。在欧洲，若有冬鹪鹩落于肩头则预示有幸运降临。在韩国，清晨喜鹊鸣于枝头为吉兆。在日本有些地方，如果鸟屎掉到头上，也会被认为会有好事出现。另外，像日本的鸥鸪、鸽子、乌鸦那样，鸟还会被人们当做具有灵性的神的使者，甚至被奉为神灵。

正如日本东北地区的"白鸟明神"那样，天鹅被供奉为神。日本神话中，日本武尊死后化为一只天鹅。希腊神话中，众神之王宙斯也以天鹅之形现身。由此可见，鸟，特别是候鸟，既是灵魂的承载者，又是信息的传播者。鸟儿们展翅飞翔的天空，与大海一样，对于人类来说都属于异界。江户的画师以及本草学者们之所以对迁徙鸟或舶来鸟显示出强烈的执着与好奇心，背后一定离不开他们对异国和异界的由衷敬畏与憧憬。

近年，在分类学上鸟类被看作是兽脚类恐龙的后裔。简单地说，也就是把鸟划分为恐龙家族的一个种群。当然如此划分也无妨，不过要想从鸟的身上感受"无常"，寻找灵魂的存在，今后将会变得越来越难。

（工作舍 米泽敬）

Afterword
Soul Media

This book was created in cooperation with the analytical equipment manufacturer HORIBA, Ltd. The images of birds included here all share a distinctly Japanese gaze upon the world, a sense of beauty, a desire to analyze and a curiosity toward diversity – a stance that also resonates with HORIBA's deep commitment to the natural environment.

When browsing through natural history paintings from the Edo period, the sheer wealth of depictions of birds is particularly striking. Even though there are far more fish species than bird species, and in spite of the importance of fish in Japanese cuisine, when it comes to paintings, the birds are vastly superior in both quantity and quality. There is also a huge variety of flower paintings, of course. The focus on birds and flowers tends to hold for Western picture books of natural history as well, but the expression "flowers, birds, the wind and the moon" seems a highly apt description of Japan's traditional themes of natural beauty.

"Flowers, birds, the wind and the moon" is frequently used as a catchphrase for the Japanese sense of beauty and view of nature, but if we let flowers stand for all plants, birds for the animal kingdom, the wind for terrestrial phenomena and the moon for celestial phenomena, the phrase "flowers, birds, the wind and the moon" comes to denote everything in creation. Stretching the metaphor a bit, it is even possible to match the four realms with the four seasons. But the expression actually has another, more profound meaning too. Flowers fall, birds fly away, the wind blows away, and the moon wanes. In other words, flowers, birds, the wind and the moon are all linked to transience, fleetingness and the "perception of the evanescence of life" that has been prevalent in Japan ever since the Middle Ages.

Mentioning transience and fleetingness in connection with birds probably sounds odd to most modern people, but that is because city people nowadays tend to forget that birds migrate. They come flying from afar in the spring, and then fly back again in the fall. In the old days, people knew the seasons from the migrating birds, and could read their messages. In Japanese, "to" in *tori* ("bird") has the same root as the "to" in tobu ("fly") and *toki* ("time").

The English word "jinx" is said to derive from the Greek name of the wryneck, a member of the woodpecker family that was used for magic and divination. In all ages and countries, birds have been considered signs of fortune. In Ancient Rome, birds flying from the left across the southern sky were auspicious, while birds from the right were inauspicious. You were lucky if a wren landed on your shoulder in Europe, or if you heard a flock of magpies cry early in the morning in Korea. And should you be hit by the droppings of a bird, good things would come to you, at least in certain regions of Japan! Furthermore, some birds in Japan were believed to be divine messengers, or to possess magic powers, or even to be divinities themselves. Kites and doves were linked with Hachiman, the God of War, and crows with the Kumano Shrines.

In northeastern Japan, there are white swan gods. The spirit of Yamato Takeru, the legendary founder of Japan, is said to have turned into a white swan (or a plover, in some versions of the story). Zeus also transformed himself into a swan. Birds, in particular migratory birds, were spiritual vehicles and media. To begin with, birds came and went between the heavens and the sea, both foreign worlds. Curiosity and fear of unknown lands and the next world was no doubt part of the Edo artists' and herbalists' fascination with migratory and imported birds.

In recent years, birds have come to be classified as descendants of the theropods: roughly speaking, they belong to the dinosaur family. While that fact may stimulate the imagination in other directions, it has also become increasingly harder to see birds as signs of transience or as embodied spirits.

Kei Yonezawa
Kousakusha

索引

图书在版编目（CIP）数据

鸟之卷 / 日本工作舍编；梁蕾译. — 北京：北京
联合出版公司, 2020.11
（江户博物文库）
ISBN 978-7-5596-4338-4

Ⅰ.①鸟… Ⅱ.①日… ②梁… Ⅲ.①鸟类—世界—
图集 Ⅳ.①Q959.7-64

中国版本图书馆CIP数据核字(2020)第111875号

鸟之卷

编　　者：日本工作舍
译　　者：梁　蕾
出 品 人：赵红仕
责任编辑：徐　樟
策 划 人：方雨辰
策划编辑：陈希颖
特约编辑：黄　欣　蔡加荣
原版装帧设计：日本工作舍
装帧设计：方　为

北京联合出版公司出版
（北京市西城区德外大街 83 号楼 9 层　　　　100088）
北京联合天畅文化传播公司发行
山东临沂新华印刷物流集团有限责任公司印刷　　　新华书店经销
字数 40 千字　787 毫米 × 1092 毫米　1/32　6 印张
2020 年 11 月第 1 版　2020 年 11 月第 1 次印刷
ISBN 978-7-5596-4338-4
定价 52.00 元